2013 De copyrite Michael Craig do Richard todos os direitos reservados. Nenhuma imagem deste livro pode ser reproduzida, armazenada em um sistema de recuperação ou transmitida por qualquer meio, eletrônico, mecânico, fotocópia, gravação ou outra forma, sem permissão por escrito do autor.

Especial graças ao meu maravilhoso, incrível, incrível e amorosa esposa Carol! Seu apoio e a confiança em mim e sua presença por mim desde que éramos crianças é mais precioso para mim do que posso exprimir. Palavras e ilustrações de Michael Richard Craig.

1 2

5 6

9

3 4

7 8

10

Um 1 Cara Bobo

Duas

2

Caretas

Três
3
Caretas

Quatro

4

Caretas

Caretas De Cinco

5

Seis

6

Caretas

Sete
7
Caretas

Oito

8

Caretas

Nove

9

Caretas

Dez
10
Caretas

Fim.

Muito

bom

trabalho!

Esses caras são da coleção "As muitas Faces de Michael Richard Craig" Este é o primeiro de um conjunto de dez volumes de contagem caretas para cem.

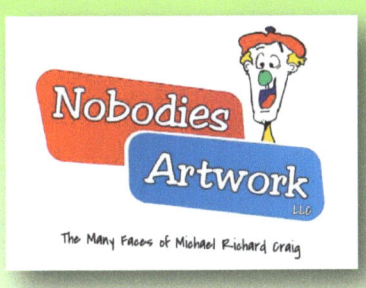

Nobodiesinc@yahoo.com

TeeGeeBeeTeeGee

www.ingramcontent.com/pod-product-compliance
Lightning Source LLC
Chambersburg PA
CBHW041119180526
45172CB00001B/331